Barbara Pliszka
Grażyna Huszcza-Ciołkowska

Conteúdo e atividade antirradicalar dos polifenóis do chokeberry

Barbara Pliszka
Grażyna Huszcza-Ciołkowska

Conteúdo e atividade antirradicalar dos polifenóis do chokeberry

ScienciaScripts

Imprint
Any brand names and product names mentioned in this book are subject to trademark, brand or patent protection and are trademarks or registered trademarks of their respective holders. The use of brand names, product names, common names, trade names, product descriptions etc. even without a particular marking in this work is in no way to be construed to mean that such names may be regarded as unrestricted in respect of trademark and brand protection legislation and could thus be used by anyone.

Cover image: www.ingimage.com

This book is a translation from the original published under ISBN 978-620-2-31356-8.

Publisher:
Sciencia Scripts
is a trademark of
Dodo Books Indian Ocean Ltd. and OmniScriptum S.R.L publishing group

120 High Road, East Finchley, London, N2 9ED, United Kingdom
Str. Armeneasca 28/1, office 1, Chisinau MD-2012, Republic of Moldova, Europe
Printed at: see last page
ISBN: 978-620-7-86307-5

Índice

Resumo

O teor polifenólico dos chokeberries depende de vários factores, por exemplo, a cultivar, a maturação dos bagos na data da colheita, a idade da planta, a fertilização e a localização. Há escassez de investigação sobre o impacto de factores como as condições ambientais, ou seja, a luz, a temperatura e a humidade, no teor de polifenóis dos chokeberries. Foram investigados o teor e a atividade antirradicalar dos compostos polifenólicos do chokeberry *(Aronia melanocarpa)* em função das condições meteorológicas durante três anos consecutivos. Os extractos dos frutos foram submetidos a ensaios do teor de polifenóis totais (TPC), antocianinas (AC), flavonóis (FC), ácidos fenólicos (PAC), bem como da sua atividade antirradicalar (ABTS, DPPH). Os valores mais elevados de TPC (1155,4 mg 100 g^{-1} FW), AC (539,1 mg 100 g^{-1} FW) e PAC (249,0 mg 100 g^{-1} FW) foram determinados nos frutos colhidos no segundo ano. Durante as três estações investigadas, o CF nos frutos variou de 41,7 a 42,4 mg 100 g^{-1} FW. A relação AC/TPC foi a mais elevada nos frutos de chokeberry colhidos no primeiro ano. No segundo ano, o fator ABTS nos frutos de chokeberry foi de 4,22 mmol Trolox 100 g^{-1} FW, sendo assim mais elevado do que nos restantes anos. Por sua vez, o DPPH do medronho foi semelhante em todos os três anos (90,06%-91,32%). Este estudo indica que as condições climatéricas tiveram uma influência considerável na acumulação de compostos polifenólicos em anonas. A insolação e a temperatura elevadas, juntamente com a baixa precipitação, favoreceram a formação de polifenóis, especialmente TPC e

AC. Os chokeberries distinguiram-se por uma elevada atividade antiradical. Os resultados podem ser úteis na horticultura e na produção de matérias-primas de frutos ricos em polifenóis, que podem ser processados nas indústrias alimentar e farmacêutica.

Palavras-chave: ABTS, bagas de chokeberry, DPPH, polifenóis, condições climatéricas

Autor correspondente: e-mail: barbara.pliszka@uwm.edu.pl, telefone: 48 89 523 44 47, fax: 48 89 523 4801

1 Introdução

O Chokeberry pertence à família *Rosaceae*. Os arbustos de Chokeberry, que podem atingir uma altura de 2-3 m, produzem umbelas de cerca de 30 pequenas flores brancas de maio a junho. Os frutos podem amadurecer no início de julho, mas geralmente amadurecem em agosto. A colheita é efectuada entre agosto e setembro (Strigl et al., 1995; Ara, 2002).

O chokeberry é uma planta hortícola popular na Polónia, principalmente porque o chokeberry é bom para a saúde humana e pode ser processado nas indústrias alimentar e farmacêutica para fazer xarope e sumo de fruta, pastas moles, geleias de fruta e infusões (Lehmann,1990; Ara, 2002).

O Chokeberry é uma das fontes vegetais mais ricas em compostos polifenólicos de grande interesse, incluindo procianidinas, antocianinas, flavonóis e ácidos fenólicos. Os compostos polifenólicos apresentam efeitos anticancerígenos, antioxidantes, anti-inflamatórios, antiaterogénicos e antidiabéticos (Kulling e Rawel, 2008). Os chokeberries também contêm açúcar, ácidos, taninos pectina, sais minerais e grandes quantidades de vitaminas (Oszmianski e Wojdylo, 2005; Slimestad et al., 2005). É de salientar que os chokeberries são importantes não só na dieta humana, mas também no mundo das plantas.

No mundo das plantas, os compostos polifenólicos são gerados para proteger as plantas da influência nociva da radiação ultravioleta e para salvar o aparelho fotossintético da influência negativa da luz visível.

Os compostos polifenólicos desempenham um papel importante no crescimento e na reprodução das plantas, bem como no transporte de açúcares, sob a forma de glicosídeos, das folhas para outros órgãos da planta (Bieza e Lois, 2001). Os flavonóides, que são representantes dos compostos polifenólicos, protegem as plantas de stresses bióticos e abióticos. Permitem a regulação do stress osmótico nas plantas durante a seca e as baixas temperaturas, e previnem o stress oxidativo associado ao stress mecânico, térmico ou hídrico. A função biológica dos flavonóides decorre da sua potencial citotoxicidade e atividade antioxidante (Pourcel et al., 2007; Bhattacharya et al., 2010). As antocianinas presentes nas flores, com cores que vão do vermelho ao azul, atraem insectos, que ajudam a fertilização das plantas, e animais, que ajudam a espalhar as sementes (Goto e Kondo, 1991; Harborne e Williams, 2001). Os ácidos fenólicos protegem as plantas de microrganismos e insectos. Além disso, quando ligados a polissacáridos, aumentam a rigidez das paredes celulares. Os ácidos fenólicos têm uma função defensiva importante durante o crescimento e a maturação das sementes, bem como dos frutos até estarem suficientemente maduros para serem consumidos. O teor de ácidos fenólicos numa planta muda à medida que a planta passa pelas fases de desenvolvimento subsequentes. Estas substâncias químicas são responsáveis pelo sabor azedo e amargo dos frutos (Budryn e Nebesny, 2006).

O teor polifenólico dos chokeberries depende de vários factores, por exemplo, a cultivar, a maturação das bagas, a data de colheita, a idade da planta, a fertilização e a localização (Jeppsson e Johansson, 2000; Skupien e Oszmianski, 2007; Andrzejewska et al., 2015). Recentemente, houve relatos sobre a influência de algumas condições ambientais nos compostos polifenólicos, mas trataram de outras plantas frutíferas (Kellogg et al., 2010; Pliszka, 2013; Vagiri et al., 2013; Cardenosa et al., 2016). Um estudo foi realizado até agora sobre o efeito de fatores como temperatura, umidade, precipitação e horas de sol brilhante no conteúdo de compostos polifenólicos em chokeberries (Tolic et al., 2017). Este artigo contribuirá para o conhecimento existente sobre polifenóis em frutas, dependendo das condições climáticas. No presente estudo, o teor de ácidos fenólicos foi adicionalmente examinado em função das condições climatéricas. Na descrição das condições climatéricas, foi também tida em conta a temperatura no solo. Um aspeto importante deste trabalho é o facto de se prestar atenção ao papel dos compostos polifenólicos no mundo das plantas, e não apenas na alimentação humana, o que alarga o âmbito da sua utilização.

O objetivo deste estudo foi determinar o teor de fenóis totais, antocianinas, flavonóis e ácidos fenólicos, bem como a sua atividade antirradicalar em frutos de chokeberry em função das condições climáticas.

2 Material e métodos

Planta

O material vegetal consistiu em chokeberry *(Aronia melanocarpa)* proveniente de uma experiência de campo realizada durante três anos na Estação de Investigação Garden, que pertence à Universidade de Warmia e Mazury em Olsztyn, Polónia.

Preparação do extrato

Para cada análise, foram pesadas porções de 30 g de chokeberries em três repetições. Os frutos congelados foram armazenados a -20 °C. Antes das análises, as amostras de frutos foram descongeladas, mantendo-as à temperatura ambiente durante 2 horas, após o que foram esmagadas num almofariz. Em cada porção de material homogeneizado foi vertida uma solução de ácido cítrico na quantidade de 300 cm^3 e concentração de 0,1 mol dm^{-3} . As amostras foram deixadas a uma temperatura de 2 °C, no escuro, durante 2 horas. Posteriormente, os copos que continham as amostras foram agitados num banho de água a 37 °C durante 15 minutos. Em seguida, as amostras foram centrifugadas durante 15 minutos a uma RCF igual a 1790 g, a fim de separar as partes sólidas das bagas do extrato. A agitação e a centrifugação subsequentes das amostras foram efectuadas com porções de solvente (100 cm^3). A extração prosseguiu até ao desaparecimento da cor vermelha, assegurando assim a lixiviação completa do pigmento do fruto.

Os volumes dos extractos resultantes foram agregados em amostras individuais e submetidos a análises.

Determinação do teor de compostos polifenólicos

O teor de fenóis totais (TPC) nos extractos de bagas de chokeberry foi determinado com o método Folin-Ciocalteu (Singleton et al., 1999). Nomeadamente, o extrato do fruto (40 pL) foi misturado com 200 pL do reagente Folin-Ciocalteu e 3,2 cm^3 H_2O e incubado à temperatura ambiente durante 6 min. Após a adição de 600 pL de carbonato de sódio a 20% à mistura, a solução foi deixada à temperatura ambiente durante 2 h. A absorvância foi medida a A, = 765 nm num espetrofotómetro Shimadzu UV-1800. O TPC foi avaliado de acordo com a curva de calibração. O ácido gálico foi utilizado como equivalente (mg GAE 100 g^{-1} FW; FW - peso fresco).

O teor de antocianinas (AC) dos extractos foi avaliado pelo método de Giusti e Wrolstad (Giusti e Wrolstad, 2001). O extrato do fruto (1 cm^3) foi misturado com 4 cm^3 de tampão de pH 1 e de tampão de pH 4,5. A determinação quantitativa da CA consistiu na medição da diferença das absorvâncias dos extractos em soluções-tampão de pH 1 e pH 4,5 a A = 508 nm e A = 700 nm num espetrofotómetro Shimadzu UV-1800. A CA foi indicada como o equivalente de cianidina 3-glucósido (mg CGE 100 g^{-1} FW).

O teor de flavonóis (FC) nos extractos foi determinado de acordo com o método de Christ-Muller (Farmakopea Polska VI, 2002). A determinação dos CF consistiu em medir a absorvância de uma amostra após 45 minutos para A = 425 nm num espetrofotómetro Shimadzu UV-1800. Os resultados foram expressos em equivalente de quercetina (mg QE 100 g^{-1} FW).

O teor de ácidos fenólicos totais (PAC) nos extractos foi determinado com o reagente de Arnov, de acordo com a metodologia descrita na literatura relevante (Farmakopea Polska V, 1999). As determinações dos CAP envolveram medições da absorvância de uma amostra a A = 490 nm num espetrofotómetro Shimadzu UV-1800. Os resultados foram expressos em equivalente de ácido cafeico (mg CAE 100 g^{-1} FW).

Além disso, foi calculada a relação entre as antocianinas e os fenóis totais (relação AC/TPC).

Todas as determinações foram efectuadas em triplicado.

Capacidade de eliminação de radicais livres através da utilização do catião radical ABTS

A atividade antirradicalar (ABTS) foi determinada com o método de Miller

(Miller et al., 1993) com algumas modificações. O método ABTS consiste na geração do radical catião ABTS®'+, cuja formação é inibida pela adição de um antioxidante. O extrato do fruto (20 LI L) foi misturado com 1 cm de reagente[3] (ABTS - 610 pmol L^{-1} , metmoglobina - 6,1 pmol L^{-1} e tampão - 5 mmol L^{-1}) e a reação foi iniciada pela adição de 200 LI L de peróxido de hidrogénio (250 pmol L^{-1}). A absorvância foi medida a 37 °C, após 6 minutos de incubação, a A = 600 nm, utilizando um espetrofotómetro Shimadzu UV-1800. As determinações foram efectuadas com referência ao reagente de controlo (água desionizada) e ao padrão Trolox (1,65 mmol L^{-1}). Os resultados foram convertidos em equivalentes de Trolox (mmol Trolox 100 g^{-1} FW).

Capacidade de eliminação de radicais livres através da utilização do radical DPPH

A atividade antirradicalar (DPPH) foi determinada pelo método de Yen e Hung (Yen e Hung, 2000) com uma ligeira modificação. O extrato do fruto (0,5 cm^3) em 4 cm^3 de água destilada/metanol (1:3, v/v) foi adicionado a 1 cm^3 de solução de DPPH (2,5 mmol L^{-1}) em metanol. A mistura foi agitada e deixada em repouso no escuro à temperatura ambiente. A absorvância foi medida após 30 minutos a A = 517 nm utilizando um espetrofotómetro Shimadzu UV-1800. Os resultados foram expressos em percentagem de inibição. A inibição do radical livre DPPH em percentagem (I%) foi calculada da seguinte forma

$$I\% = [(A_{control} - A_{sample})/A_{control}] \cdot 100\%$$

Análise estatística

Os resultados foram verificados em três repetições. Os dados relativos ao teor de compostos polifenólicos, à relação AC/TPC e à atividade antirradicalar dos frutos foram submetidos a uma análise estatística de variância para experiências univariadas (teste de Duncan), utilizando o pacote de software Statistica 12 PL (StatSoft PL). Para a comparação dos parâmetros climáticos e do perfil fenólico dos frutos, foram determinados os coeficientes de correlação para cada combinação. As diferenças foram consideradas significativas quando p <0,05.

3 Resultados e discussão

Teor de compostos polifenólicos

O teor de fenóis totais (TPC), antocianinas (AC), flavonóis (FC) e ácidos fenólicos (PAC) nos frutos de chokeberry foi diferente nos vários anos do estudo (Quadro 1). Em 2004, que foi um ano mais frio e mais húmido, os bagos de chokeberry caracterizaram-se por um baixo teor de TPC e AC coloridos, ao passo que nos outros anos, mais quentes, com secas periódicas e elevada insolação, os bagos de chokeberry acumularam teores mais elevados destes compostos, especialmente no segundo ano da investigação (1155,4 mg 100 g^{-1} FW e 539,1 mg 100 g^{-1} FW, respetivamente para TPC e AC). Um estudo realizado por Pliszka (2013) mostra que os frutos de sabugueiro preto cultivados nos três anos e sob as mesmas condições climatéricas, mas em solos diferentes, continham igualmente pequenas concentrações de fenóis totais e antocianinas no primeiro ano, mas o seu teor aumentou nas épocas seguintes, de forma análoga aos resultados obtidos para as anonas. Outros estudos mostraram que o sumo de chokeberries da estação de crescimento, em que o clima era quente e seco e com baixa precipitação acumulada, tem maior quantidade de fenóis totais e antocianinas (Tolic at al., 2017). Alguns autores afirmam que a temperatura elevada favorece o amadurecimento dos frutos e a sua coloração mais intensa, pelo que a acumulação de antocianinas nos frutos é maior (Macheix et al., 1990; Prior et al., 1998). Por outro lado, uma humidade mais elevada diminui o teor de antocianinas nos chokeberries (Wichrowska et al., 2007).

No presente estudo, a CF, responsável pelo sabor amargo dos frutos, foi semelhante em todos os anos (41,7-42,4 mg 100 g^{-1} FW), enquanto o CAP atingiu um valor distinto no segundo ano (249,0 mg 100 g^{-1} FW) (Tabela 1). Os valores determinados de FC e PAC não suportam as descobertas anteriores obtidas por Pliszka (2013) num estudo sobre bagas de sabugueiro preto, que tinha um conteúdo consideravelmente maior de flavonóis e ácidos fenólicos nos frutos colhidos no primeiro ano . Presumivelmente, outros factores ambientais afectaram a acumulação destes compostos nos frutos. Alguns investigadores referem que o teor de flavonóis (quercetina e miricetina, em particular) aumentou geralmente durante a maturação dos frutos, embora na maioria destes frutos, por exemplo, groselha, cereja, mirtilo e sabugueiro preto, tenham sido encontradas concentrações mais baixas destes compostos (especialmente kaempferol e quercetina). O teor de ácidos fenólicos (ácidos cafeico, ferúlico e cumárico) era geralmente mais elevado nos frutos jovens e verdes e diminuía progressivamente à medida que os frutos amadureciam, o que se manifestava pela perda do amargor palatável destes frutos (Stohr e Herrmann, 1975).

As referências bibliográficas sobre a influência dos factores ambientais (temperatura, pluviosidade, insolação) no teor de compostos polifenólicos nos frutos são ainda inequívocas. Yang et al. (2013) afirmam que as temperaturas elevadas foram associadas a baixos teores dos principais compostos fenólicos em todas as cultivares de groselha, enquanto a humidade elevada se correlacionou com baixos níveis de ácido hidroxicinâmico (ácidos fenólicos) em groselhas verdes e brancas. Os resultados obtidos na presente investigação são contrários aos relatados por Yang et al. (2013). De acordo com Cardenos et al. (2016), o teor de compostos fenólicos e a capacidade antioxidante dos mirtilos não foram afectados negativamente pela restrição hídrica.

O rácio AC/TP representa a proporção entre as antocianinas (AC) e os fenóis totais (TP) nos frutos e é uma caraterística distintiva de uma espécie ou cultivar (Borowska e Mazur, 2008). Neste estudo, os valores do rácio AC/TPC foram obtidos a partir das determinações de TPC e AC em chokeberries (Tabela 1). O rácio AC/TPC foi o mais elevado nos chokeberries colhidos no primeiro ano e o mais baixo nos frutos cultivados no segundo ano. O primeiro ano foi frio e húmido, o que não favoreceu a produção de antocianinas nos frutos. No entanto, a percentagem de antocianinas (288,3 mg 100 g^{-1} FW) no teor de fenóis totais (442,4 mg 100 g^{-1} FW) foi a mais elevada nos frutos cultivados nesse ano. Os resultados dos cálculos AC/TPC são diferentes dos relatados por Pliszka (2013), onde a maior relação Aw/TP em frutos de sabugueiro preto foi determinada no segundo ano. Pode suspeitar-se que outros factores ambientais tiveram algum efeito nos valores desta relação (por exemplo, a espécie). Lee e Finn (2007) enfatizam que o valor de A/TP em frutos de *Sambucus canadensis* depende das condições em que as plantas crescem.

Atividade anti-radical

A atividade antirradicalar dos frutos do chokeberry foi determinada por dois métodos (ABTS e DPPH) (Figura 1). O ABTS foi mais elevado nos frutos de chokeberry colhidos no segundo ano (4,22 mmol Trolox mg 100 g^{-1}), e mais baixo nos frutos cultivados nos outros dois anos (Figura 1a). Estes resultados são ligeiramente diferentes dos demonstrados por Pliszka (2013), que examinou frutos de sabugueiro preto e obteve o valor mais elevado de ABTS (3,26 mmol Trolox mg 100 g^{-1} FW) no terceiro ano, que foi o mais quente e seco dos três anos analisados. Sabe-se que as propriedades antirradicalares dos frutos estão diretamente relacionadas com o conteúdo fenólico dos frutos silvestres (Nawirska et al., 2007; Tolic et al., 2017). Tais relações foram documentadas tanto no presente estudo como nas investigações de Pliszka (2013). Alguns trabalhos anteriores de Pliszka et al. (2003, 2005) contêm resultados dos ensaios de HPLC de compostos polifenólicos em frutos de chokeberry, que revelaram a presença de catequina, glicosídeos de cianidina e derivados de ácido clorogénico nos frutos. Todos estes compostos são bem reconhecidos como substâncias anti-radicalares (Oszmianski e Wojdylo, 2005; Pourcel et al., 2007).

A atividade antirradicalar (DPPH) das bagas de ananás avaliadas nesta investigação foi semelhante em todos os anos. As bagas de chokeberry foram caracterizadas por uma elevada eliminação de radicais livres DPPH, entre 90,06% e 91,32% (Figura 1b). Resultados semelhantes (com 87,3% a 88,0%) do seu exame de frutos de sabugueiro preto foram alcançados por Pliszka (2013).

Parâmetros climáticos e teor de compostos polifenólicos

As condições meteorológicas durante o período de investigação (temperatura do ar, temperatura acima do solo, precipitação e insolação) foram descritas com base nos dados obtidos no Instituto de Meteorologia e Gestão da Água em Olsztyn, Polónia.

No primeiro (I ano), a temperatura média mensal do ar foi de 18,5 °C (Figura 2). De abril a setembro, foram de 4 °C a 7 °C mais elevadas do que a temperatura de longo prazo no período. As geadas de primavera ocorreram na segunda década de abril (-0,3 °C). Nos demais meses, as temperaturas médias próximas ao solo variaram de 5,4 °C em maio a 12,4 °C em agosto (Figura 3). A precipitação foi abundante durante o período de crescimento das plantas; a precipitação total desde a primavera até à colheita dos frutos foi muito superior à média plurianual, especialmente em julho (116,2 mm) e agosto (106,5 mm) (Figura 4). A insolação mensal variou de 165 h a 258 h, e foi a mais curta entre todos os anos de pesquisa (Figura 5).

No segundo (II ano), a temperatura média mensal do ar de abril a setembro foi de 20,0 °C (Figura 2). Foram observadas geadas no solo na segunda e terceira décadas de abril (-0,7 °C e -1,6 °C) (Figura 3). A estação de crescimento das plantas distinguiu-se por um período de seca na primavera e outro no início do outono. A soma da precipitação foi de 269,3 mm (Figura 4). A insolação mais elevada registou-se em julho (313 h), mas maio e junho também foram ensolarados (Figura 5).

No terceiro ano (III ano), a temperatura do ar durante todo o período de crescimento das plantas foi próxima da temperatura análoga no II ano, enquanto a temperatura perto do solo foi a mais elevada dos três anos (Figuras 2, 3). julho foi o mês mais quente e soalheiro, mas também seco (a precipitação total foi de apenas 8,3 mm), enquanto agosto foi chuvoso (151,9 mm) (Figura 4). A estação de crescimento das plantas foi geralmente ensolarada, exceto em abril e agosto (Figura 5).

O curso das condições climatéricas durante a experiência discutida é mostrado nas Figuras 2-5. As condições climatéricas durante a estação de crescimento da planta tiveram um efeito significativo no conteúdo de compostos polifenólicos em chokeberries. O primeiro ano foi húmido, menos solarengo e mais frio do que os outros anos do estudo e as condições meteorológicas não estimularam a coloração dos frutos. A seca atmosférica que ocorreu na terceira década de julho e a temperatura elevada concomitante aceleraram o amadurecimento dos frutos, que se observou ter lugar na segunda década de agosto. No segundo ano, as temperaturas elevadas e a insolação em julho permitiram que os frutos amadurecessem e colorissem uniformemente, mas a precipitação abundante no final de julho e no início de agosto atrasou a maturação dos frutos, que ocorreu no final da terceira década de agosto. O terceiro ano foi o mais quente e soalheiro, mas registou uma distribuição da precipitação desfavorável ao desenvolvimento dos chokeberries. Tanto o crescimento das plantas de chokeberry como a maturação dos frutos foram alterados. A seca do solo e da atmosfera, primeiro na primavera e depois recorrente durante a floração das plantas, atrasou o crescimento e o desenvolvimento das plantas. Além disso, o mês de agosto foi caracterizado por chuvas muito fortes, que adiaram a maturação dos frutos para setembro. Nessa altura, verificaram-se as maiores diferenças na sequência da maturação dos frutos.

Durante as três épocas de crescimento, as condições meteorológicas afectam os compostos polifenólicos das bagas de chokeberry. Foram observadas correlações positivas entre o teor de TPC e AC e a temperatura média e a luz solar média brilhante (Quadro 2). No entanto, a TPC e a AC tiveram uma correlação negativa com a precipitação. Na investigação sobre o chokeberry croata, a TPC e a TN tiveram correlações positivas com as horas de sol brilhante médio, a temperatura máxima e média mensal; no entanto, o teor de TPC e TN teve correlações negativas com a temperatura mínima mensal, a humidade relativa e a precipitação (Tolic et al., 2017). As diferenças nos compostos polifenólicos durante as diferentes estações de crescimento devem-se muito provavelmente às diferentes temperaturas do ar exterior e à taxa de precipitação, dada a conhecida correlação inversa entre os compostos polifenólicos e a temperatura do ar (Xu et al., 2011).

O teor de compostos polifenólicos nos frutos depende em grande medida da temperatura e da acessibilidade à luz, uma vez que as temperaturas elevadas e a insolação são factores-chave na coloração dos frutos. As plantas cultivadas a temperaturas frescas diurnas e nocturnas de 18 °C/12 °C apresentaram, em geral, o teor mais baixo de ácidos fenólicos, flavonóis e antocianinas nos frutos. À medida que as temperaturas diurnas e nocturnas aumentavam, o teor destes compostos nos frutos era mais elevado (Wang e Zheng, 2001). De acordo com Bakhshi e Arakawa (2006), a temperatura teve um efeito nas enzimas envolvidas na biossíntese de compostos polifenólicos, pelo que a síntese de flavonóides como as antocianinas e a quercetina está fortemente dependente da presença de luz e calor, enquanto a falta de luz solar leva à acumulação de ácido clorogénico. Uma acumulação elevada de antocianinas pelas plantas também pode ser induzida por outros eventos abióticos e bióticos, por exemplo, escassez de nutrientes no solo, uma resposta à infestação por patogéneos ou ao forrageamento por pragas de plantas (Grzesiuk et al., 2008).

Conclusões

Os resultados deste estudo confirmam que as condições climatéricas têm efeitos consideráveis na acumulação de compostos polifenólicos em chokeberries. A insolação elevada, a temperatura elevada e a baixa pluviosidade tendem a estimular a formação de compostos polifenólicos. A análise estatística mostrou que a temperatura média e a luz solar intensa têm um impacto positivo no teor de TPC e AC, enquanto se observou uma correlação negativa com a precipitação. Também foi demonstrado que os bagos de chokeberry com mais polifenóis tinham uma maior atividade antiradical (ABTS). O estudo acima sugere uma direção no desenvolvimento da produção de plantas frutíferas, ricas em compostos polifenólicos, que podem ser processadas pelas indústrias alimentar e farmacêutica. Os presentes resultados podem ser úteis na horticultura, mas também podem contribuir para a conceção de soluções para a proteção das plantas contra condições ambientais nocivas e para o planeamento do cultivo de fruteiras em áreas com condições climáticas semelhantes.

4 Referências

Andrzejewska, J., Sadowska, K., Kloska, L., e Rogowski, L. (2015). O efeito da idade da planta e do tempo de colheita no conteúdo dos componentes escolhidos e no potencial antioxidante da fruta chokeberry preta. Ata Sci. Pol. Hortorum Cultus. 14(4), 105-114. http://www.hortorumcultus. actapol .net.

Ara, V. (2002). Schwarzfruchtige *Aronia:* Gesund - und bald "in aller Munde"? Flussiges. Obst. 10, 653-658. http: //www.chelab. de/de veroffentlichungen .html.

Bakhshi, D., e Arakawa, O. (2006). Efeitos da irradiação UV-B na acumulação de compostos fenólicos e na atividade antioxidante da maçã "Jonathan", influenciados pelo ensacamento, temperatura e maturação. J. Food Agri. Environ. 4(1), 75-79. http://world-food.net/category/journals/2006/issue-1-2006/.

Bhattacharya, A., Sood, P., e Citovsky, V. (2010). Os papéis dos fenólicos das plantas na defesa e comunicação durante a infeção por *Agrobacterium* e *Rhizobium*. Mol. Plant Pathol. 11(5), 705-719.

https://www.ncbi.nlm.nih.gov/pubmed/20696007.

Bieza, K., e Lois, R. (2001). Um mutante de Arabidopsis tolerante a níveis letais de ultravioleta-B mostra uma acumulação constitutivamente elevada de flavonóides e outros fenólicos. Plant Physiol. 126(3), 1105-1115. http://www.plantphysiol.org/content/126/3/1105.full.pdf+html.

Borowska, E.J., e Mazur, B. (2008). Zmiany wybranych skladnikow wybranych skladnikow i wlasciwosci antyoksydacyjnych borowki brusznicy w procesie otrzymywania przecierow. [Alterações dos componentes seleccionados e das propriedades antioxidantes do bagaço de uva no processo de produção de puré]. Bromat. Chem. Toksykol. 41(3), 303-307. http://www.ptfarm.pl/pub/File/ata_pol_2009/b_2008/3a_2008/BROMAT%203 %20s.%20303-307.pdf.

Budryn, G., e Nebesny, E. (2006), Fenolokwasy - ich wlasciwosci, wystgpowanie w surowcach roslinnych, wchlanianie i przemiany metaboliczne. [Ácidos fenólicos - suas propriedades, ocorrência em matérias-primas vegetais, absorção e metabolismo]. Bromat. Chem. Toksykol. 39(2), 103-110. http://www.ptfarm.pl/pub/File/wydawnictwa/bromatologia/2 06/BROMAT2.pdf.

Cardenosa, V., Girones-Vilaplana, A., Muriel, J.L., Moreno, D.A., e Moreno-Rojas, J.M. (2016). Influência do genótipo, sistema de cultivo e regime de irrigação na capacidade antioxidante e fenólicos selecionados de mirtilos

(Vaccinium corymbosum L.). Food Chem. 202, 276-283. https://www.ncbi.nlm.nih.gov/pubmed/26920295.

Farmakopea Polska V. (1999). Farmakognostyczne metody badania. [Farmacopeia polaca V. (1999). Métodos de ensaio farmacognósticos]. (Warszawa: Polskie Towarzystwo Farmaceutyczne), p. 472.

Farmakopea Polska VI. (2002). Urzqd Rejestracji Produktow Leczniczych, Wyrobow Medycznych i Produktow Biobojczych. [Farmacopeia da Polónia VI. (2002). Instituto de Registo de Medicamentos, Dispositivos Médicos e Produtos Biocidas]. (Warszawa: Polskie Towarzystwo Farmaceutyczne), p. 150.

Giusti, M.M., e Wrolstad, R.E. (2001). Caracterização e medição de antocianinas por espetroscopia UV-visível, Unidade F1.2. Em E. Wrolstad, S.J. Schwartz, eds. Current protocols in food analytical chemistry (F1.2.1-F1.2.13) (R. John Wiley & Sons, Inc. New York, NY). https://www.ncbi.nlm.nih.gov/pubmed/26920295.
Goto, T., e Kondo, T. (1991). Estrutura e empilhamento molecular de antocianinas - variação da cor da flor. Angew. Chem. Int. Ed. Engl. 30, 17-33. http://onlinelibrary.wiley.com/doi/10.1002/anie.199100171/full.

Grzesiuk, A., D^bski, H., e Horbowicz, M. (2008). Wplyw wybranych czynnikow na akumulacj? antocyjanow w roslinach. [A influência de factores seleccionados na acumulação de antocianinas nas plantas]. Post. Nauk Roln. 60(1), 81-91.

Harborne, J.B., e Williams, C.A. (2001). Anthocyanins and other flavonoids. Nat. Prod. Rep. 18(3), 310-333.

Jeppsson, N., e Johansson, R. (2000). Alterações na qualidade dos frutos de *Aronia melanocarpa* durante a maturação. J. Hortic. Sci. Biotechnol. 75, 340-345. http://dx.doi.org/10.1080/14620316.2000.11511247.

Kellogg, J., Wang, J., Flint, C., Ribnicky, D., Kuhn, P., De Mejia, E.G., Raskin, I., e Lila, M.A. (2010). Recursos de bagas silvestres do Alasca e saúde humana sob a nuvem das alterações climáticas. J. Agric. Food Chem. 58(7), 3884-3900. https://www.ncbi.nlm.nih.gov/pubmed/20025229.

Kulling, S.E., e Rawel, H.M. (2008). Chokeberry *(Aronia melanocarpa)* - Uma revisão sobre os componentes característicos e os potenciais efeitos na saúde. Planta Med. 74, 1625-1634. http://www.pascoe.ca/wp-content/uploads/2014/07/Aronia-Review-2008-Planta-Medica.pdf.

Lee, J., e Finn, C.E. (2007). Antocianina e outros polifenólicos em cultivares de sabugueiro americano *(Sambucus canadensis)* e sabugueiro europeu *(S. nigra)*. J. Sci. Food Agric. 87(14), 2665-2675. http://hortsci.ashspublications.org/content/43/5/1385.full.

Lehmann, H. (1990). Die Aroniabeere und ihre Verarbeitung. Flussiges. Obst. 57, 746-752.

Macheix, J.J., Fleuriet, A., e Billot, J. (1990). Fruit Phenolics. (Boca Raton, CRC Press, EUA).

Miller, N.J., Rice-Evans, C., Davies, M.J., Gopinathan, V., e Milner, A. (1993). A novel method for measuring antioxidant capacity and its application to monitoring the antioxidant status in premature neonates. Clin. Sci. 84(4), 407412. https://www.ncbi.nlm.nih.gov/pubmed/8482045.

Nawirska, A., Sokol-Egtowska, A., e Kucharska, A.Z. (2007). Wlasciwosci przeciwutleniajgce wytlokow z wybranych owocow kolorowych. [Propriedades antioxidantes do bagaço de frutos coloridos seleccionados]. Zywn. Nauka. Technol. Jakosc, 4(53), 120-125. file:///C:/Users/e/Downloads/11 Nawirska.pdf.

Oszmianski, J., e Wojdylo, A. (2005). Fenólicos de *Aronia melanocarpa* e sua atividade antioxidante. Eur. Food Res. Technol. 221, 809-813.

Pliszka, B. (2013). Bioaktywne zwigzki polifenolowe, kwas askorbinowy i skladniki mineralne wystgpujgce w owocach czterech odmian bzu czarnego *(Sambusus nigra* L.). [Compostos polifenólicos bioactivos, ácido ascórbico e componentes minerais presentes em quatro cultivares de frutos de sabugueiro *(Sambusus nigra* L.)]. Wydawnictwo UWM, Olsztyn, Polónia, Dissertação e Monografias, 90.

Pliszka, B., Mieleszko, E., Huszcza-Ciolkowska, G., e Karczynski, F. (2003). Sklad i potencjal antyoksydacyjny antocyjanow ekstrahowanych kwasem cytrynowym z owocow aronii. [Composição e potencial antioxidante das antocianinas extraídas com ácido cítrico do fruto do chokeberry]. Biul. Nauk. UWM, 22, Materialy na X Konferencj? Naukowo-Promocyjnq "Lepsza Zywnosc", Olsztyn, Polónia, 71-76.

Pliszka, B., Smyk, B., Mieleszko, E., Oszmianski, J., e Drabent, R. (2005). Oddzialywanie jonow Cu(II) ze zwiqzkami antocyjanowymi zawartymi w ekstraktach z owocow aronii. [Efeito de iões Cu (II) com compostos de antocianina contidos em extractos de chokeberry]. Zesz. Probl. Post. Nauk Roln. 507, 433-441.

Pourcel, L., Routaboul, J.M., Cheynier, V., Lepiniec, L., e Debeaujon, I. (2007). Flavonoid oxidation in plants: from biochemical properties to physiological functions (Oxidação de flavonóides em plantas: das propriedades bioquímicas às funções fisiológicas). Trends Plant Sci. 12(1), 29-36. http://www.cell.com/trends/plant-science/references/S1360-1385(06)00314-1.

Prior, R.L., Cao, G., Martin, A., Sofic, E., McEwen, J., O'Brien, C., Lischner, N., Ehlenfeldt, M., Kalt, W., Krewer, G., e Mainland, M. (1998). Antioxidant capacity as influenced by total phenolic and anthocyanin content, maturity, and variety of *Vaccinium* Species. J. Agric. Food Chem. 46(7), 2686-2693. http://agris.fao.org/agris-search/search.do?recordID=US1999002848.

Singleton, V.L., Orthofer, R., e Lamuela-Raventos, R.M. (1999). Análise de fenóis totais e outros substratos de oxidação e antioxidantes por meio do reagente de Folin-Ciocalteu. Methods Enzymol. 299, 152-178. http://www.sciencedirect.com/science/book series/ 00766879/299.

Skupien, K., e Oszmianski, J. (2007). O efeito da fertilização mineral no valor nutritivo e na atividade biológica do fruto do chokeberry. Agric. Food Sci. 16, 46-55. http://www.mtt.fi/afs/pdf/mtt-afs-v16n1p46 .pdf.

Slimestad, R., Torskangerpoll, K., Nateland, H.S., Johannessen, T., e Giske, N.H.

(2005). Flavonóides de *Aronia melanocarpa*. J. Food

Composto. Anal. 18, 61-68.

https://www.ncbi.nlm.nih.gov/pmc/articles/PMC3407391/.

Stohr, H., e Herrmann, K. (1975). Os fenólicos dos frutos. VI. Os fenólicos da

groselha, groselha e mirtilo. Alterações nos ácidos fenólicos e catequinas durante

o desenvolvimento da groselha preta. Z. Lebensm.

Unters   Forsch.   159(1),   31-37.

https://www.ncbi.nlm.nih.gov/labs/articles/1202838/.

Strigl, A.W., Leitner, E., e Pfannhauser, W. (1995). Die schwarze Apfelberre

(Aronia melanocarpa) als naturliche Farbstoffquelle. Dtsch. Lebensm. Rundsch.

91(6), 177-180.

Tolic, M.T., Krbavcic, I.P., Vujevic, P., Milinovic, B., Jurcevic, I. L., e Vahcic,

N. (2017). Efeito das condições climáticas no conteúdo fenólico e capacidade

antioxidante no suco de chokeberries *(Aronia melanocarpa* L.). Pol. J. Food

Nutr. Sci. 67(1), 67-74.

https://www.degruyter.com/view/j/pjfns.2017.67_.issue-1/pjfns-2016-0009/pjfns-

2016-0009.xml.

Vagiri, M., Ekholm, A., Oberg, E., Johansson, E., Andersson, S.C., e Rumpunen, K. (2013). Fenóis e ácido ascórbico em groselhas pretas *(Ribes nigrum* L.): variação devido ao genótipo, localização e ano. J. Agric. Food Chem. 61(39), 9298-9306. https://www.ncbi.nlm.nih.gov/pubmed/24011264.

Wang, S.Y., e Zheng, W. (2001). Efeito da temperatura de crescimento da planta na capacidade antioxidante do morango. J. Agric. Food Chem. 49(10), 4977-4982. http://pubs.acs.Org/doi/abs/10.1021/jf0106244.

Wichrowska, D., Wojdyla, T., Rolbiecki, S., e Rolbiecki, R. (2007). Wplyw nawadniania kroplowego i mikrozraszania na wysokosc i jakosc plonu owocow aronii. [Influência da irrigação por gotejamento e microaspersão na altura e qualidade da produção de frutos de chokeberry]. Zesz. Nauk. Inst. Sadow. Kwiac. 15, 63-71.

Xu, C., Zhang, Y., Zhu, L., Huang, Y., e Lu, J. (2011). Influência da estação de crescimento nos compostos fenólicos e nas propriedades antioxidantes dos bagos de uva de videiras cultivadas em clima subtropical. J. Agric. Food Chem. 59(4), 1078-1086. https: //pub s.acs. org/doi/ab s/10.1021/jf104157z

Yang, B., Zheng, J., Laaksonen, O., Tahvonen, R., e Kallio, H. (2013). Efeitos da latitude e das condições climatéricas nos compostos fenólicos em cultivares de groselha *(Ribes* spp.). J. Agric. Food Chem. 61(14), 3517-3532. https://www.ncbi.nlm.nih.gov/pubmed/23480522.

Yen, G.C., e Hung, C.Y. (2000). Efeitos do tratamento alcalino e térmico na atividade antioxidante e nos fenólicos totais dos extractos de Hsian-tsao *(Mesona procumbens* Hemsl.). Food Res. Int. 33, 487-492. http://www.airitilibrary.com/Publication/alDetailedMesh?docid=U0013-1708201522051700.

a)

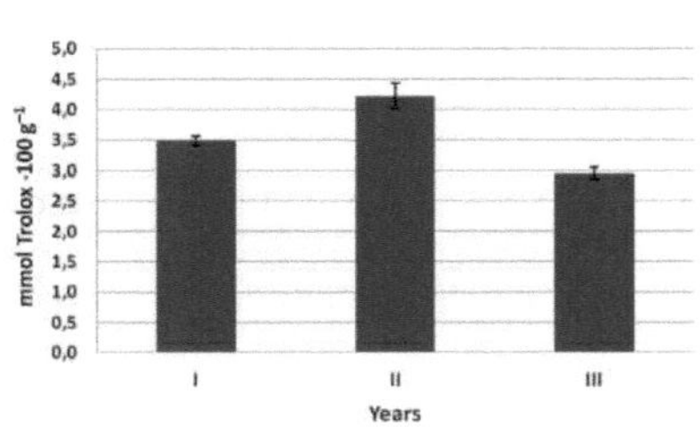

b)

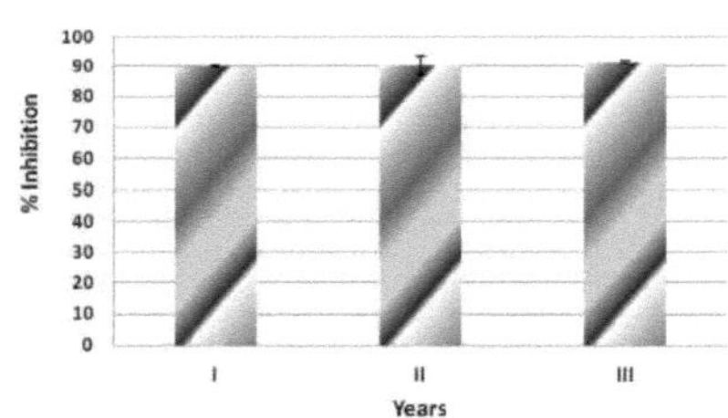

Figura 1. Atividade antirradicalar (com desvios-padrão) de bagas de chokeberry pretas determinada com os métodos: a) ABTS, b) DPPH. As barras verticais apresentam ± desvio padrão (DP).

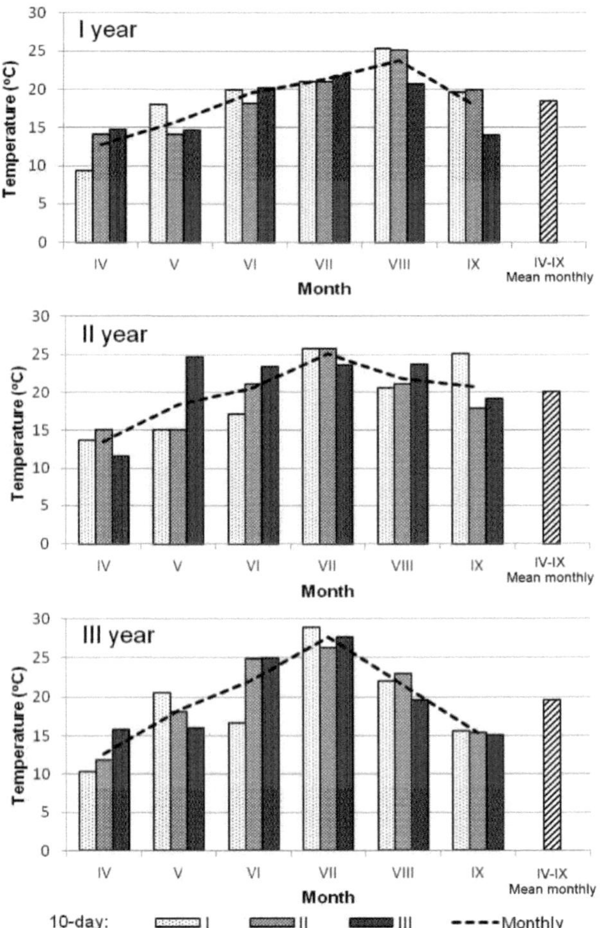

Figura 2. As temperaturas médias do ar de acordo com o Instituto de Meteorologia e Gestão da Água em Olsztyn (Polónia) nos três anos.

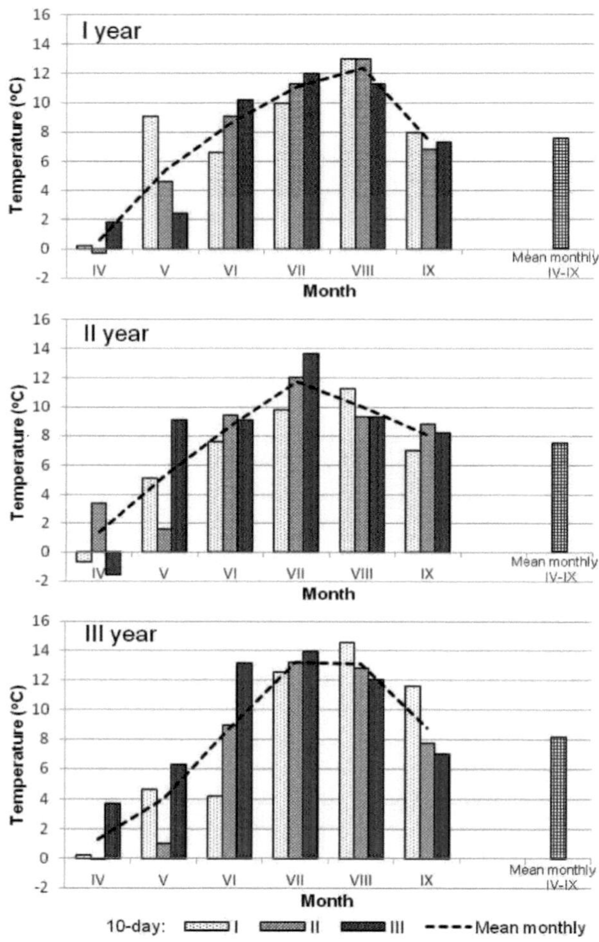

Figura 3. Temperaturas do ar à superfície da terra de acordo com o Instituto de Meteorologia e Gestão da Água em Olsztyn (Polónia) nos três anos.

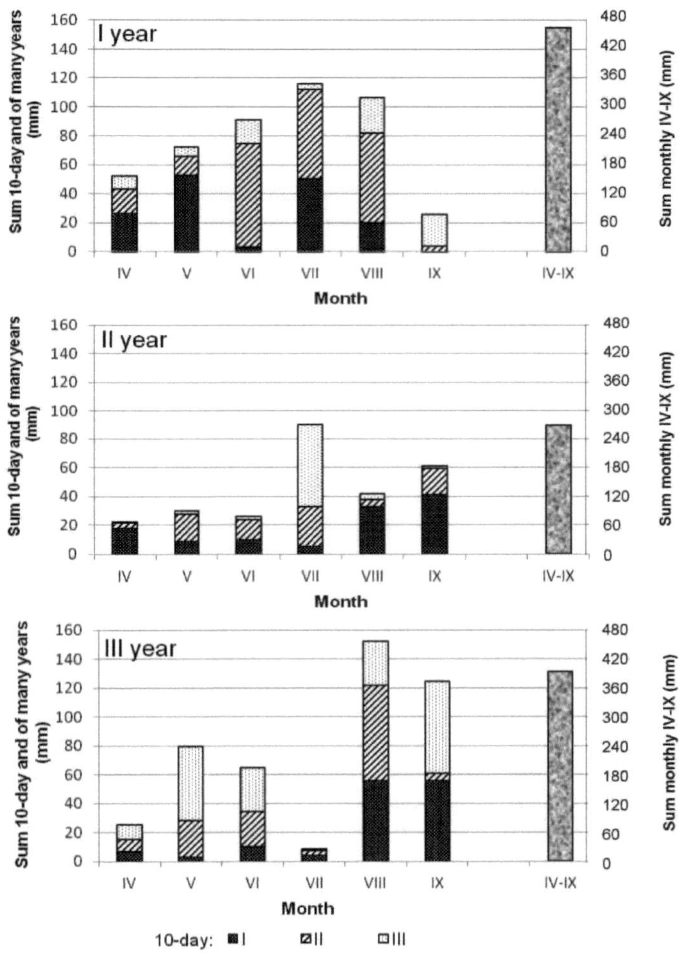

Figura 4. Precipitação de acordo com o Instituto de Meteorologia e Gestão da Água em Olsztyn (Polónia) nos três anos.

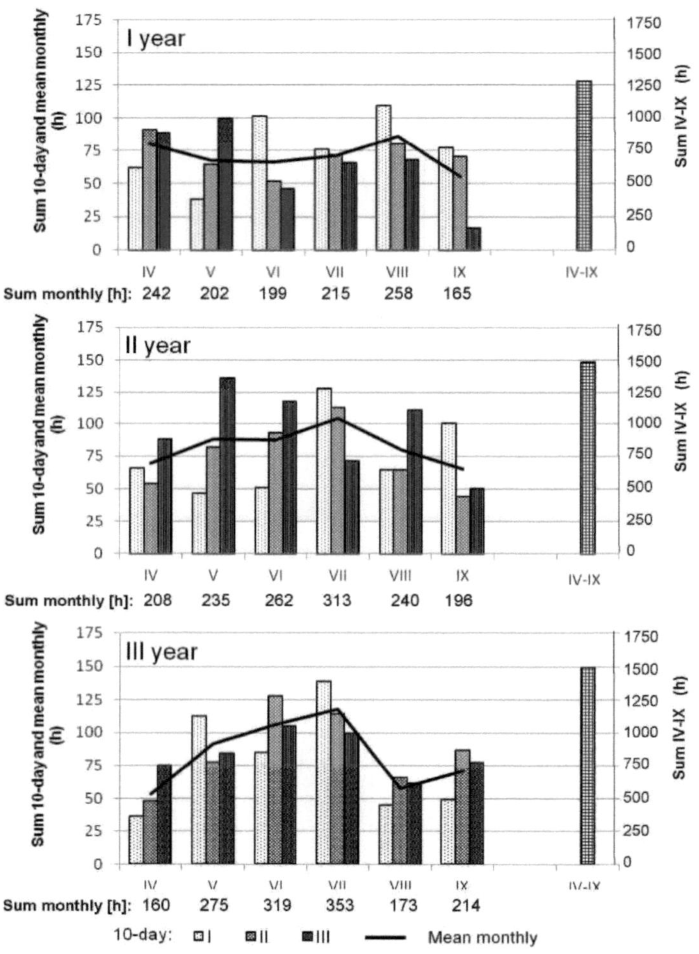

Figura 5. Insolação de acordo com o Instituto de Meteorologia e Gestão da Água em Olsztyn (Polónia) nos três anos.

Tabela 1. Teor de compostos polifenólicos em bagas de chokeberry preto (mg 100 g^{-1} FW).

	TPC	AC	FC	PAC	Rácio
Ano	GAE*	CGE	QE	CAE	AC/TPC
I	442.4±12,2 c	288.3± 9,1 c	42.4±0,4 a	235,5±6,5 ab	0.652±0,019 a
II	1155.4±14,4 a	539.1±11,0 a	42.0±0,2 a	249.0±6,0 a	0.467±0,005 c
III	816.3± 9,4 b	433.4±11,2 b	41.7±0,5 a	215.0±6,6 b	0.531±0,008 b

Explicação: FW - peso fresco; TPC - teor de fenóis totais; AC - teor de antocianinas; FC - teor de flavonóis; PAC - teor de ácidos fenólicos; GAE - equivalentes de ácido gálico; CGE - equivalentes de cianidina; QE - equivalentes de quercetina; CAE - equivalentes de ácido cafeico; * - Os resultados são médias de triplicatas ± desvio padrão; a,b,c - Os dados denotados por letras diferentes nas colunas são significativamente diferentes ao p <0,05.

Tabela 2. Coeficiente de correlação (r) entre os parâmetros climáticos e o teor polifenólico.

	STMX	STMN	STMEAN	RAINH	ARÃO	SBSS
TPC	0.362	0.273	0.968*	-0.975*	-0.978*	0.857*
AC	0.426	0.329	0.967*	-0.948*	-0.953*	0.874*
FC	-0.295	0.585	-0.507	-0.277	-0.289	-0.610
PAC	-0.180	0.610	0.110	-0.427	-0.414	-0.121

Explicação: STMX - média sazonal da temperatura máxima; STMN - média sazonal da temperatura mínima; STMEAN - média sazonal da temperatura; SRAIN - média sazonal da precipitação; ARAIN - média sazonal da precipitação acumulada; SBSS - média sazonal da luz solar intensa; TPC - teor de fenóis totais; AC - teor de antocianinas; FC - teor de flavonóis; PAC - teor de ácidos fenólicos; *designa significância a p <0,05.